LE

SAUMON

EN SEINE

PAR

M. G. LAVOLLÉE

Ingénieur en chef des Ponts et Chaussées.

EXTRAIT DU *Bulletin de la Société Centrale d'Aquiculture et de Pêche*

(JUILLET 1902)

AU SIÈGE DE LA SOCIÉTÉ

41, RUE DE LILLE, 41

PARIS

1902

LE SAUMON EN SEINE

PAR

M. G. LAVOLLÉE

Ingénieur en chef des Ponts et Chaussées.

Extrait du *Bulletin de la Société Centrale d'Aquiculture et de Pêche*

(juillet 1902)

AU SIÈGE DE LA SOCIÉTÉ

41, rue de Lille, 41

PARIS

—

1902

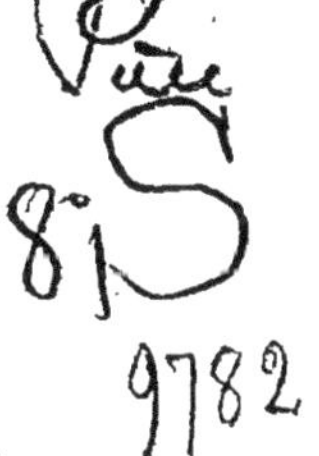

LE SAUMON EN SEINE

Par M. G. LAVOLLÉE,
Ingénieur en chef des Ponts et Chaussées.

Nos aînés ont pris des Saumons dans la Seine et dans certains de ses affluents ; nos contemporains, moins favorisés, ne prennent plus que de rares Saumons chaque année, et le dépeuplement du fleuve en poissons migrateurs a une cause que tout le monde connaît : l'établissement des barrages de navigation. Ceux-ci ne s'échelonnent-ils pas, au nombre de 21, sur la Seine depuis Rouen jusqu'au confluent de l'Yonne à Montereau, au nombre de 7 sur la partie haute de la Seine ou « petite Seine » depuis Montereau jusqu'au confluent de l'Aube, au nombre de 25 sur l'Yonne depuis Montereau jusqu'à Auxerre ? Et ces 53 obstacles n'opposent-ils pas aux migrations une suite de barrières infranchissables ?

Cependant personne, que nous sachions, n'a la pensée de supprimer les barrages : les intérêts commerciaux qui s'attachent au développement de la navigation sont trop importants pour qu'on songe à les sacrifier aux intérêts de la pisciculture en détruisant l'œuvre de canalisation poursuivie depuis 50 ans. Au milieu du XIXe siècle, on transportait par eau 400.000 tonnes de marchandises à l'amont de Paris, 500.000 à l'aval. Aujourd'hui, le mouvement des marchandises empruntant la voie d'eau dépasse 5 millions de tonnes à l'amont, 5 millions de tonnes à l'aval ; et cet accroissement de trafic, dû en majeure partie à l'augmentation du mouillage, conséquence des retenues opérées par les barrages, a une telle influence sur les transactions qu'il serait quelque peu téméraire d'envisager une solution qui paralysât un semblable essor.

Fort heureusement, les deux intérêts en présence sont loin d'être inconciliables, et rien n'est plus simple que de maintenir la circulation des bateaux tout en maintenant la circulation des poisons. C'est qu'en effet les barrages de la Seine et de l'Yonne ne sont pas fixes : leur fermeture est obtenu au moyen d'ouvrages mobiles, vannes, aiguilles, hausses, rideaux articulés, qui s'enlèvent, se remettent à volonté, et l'on conçoit dans ces conditions qu'il soit facile de remplacer une ou plusieurs travées de ces ouvrages mobiles par un couloir ou échelle qui permette aux poissons migrateurs de remonter successivement d'un bief dans l'autre. Aussi bien, est-on obligé à tous les barrages de laisser un libre écoulement à l'eau de la rivière,et peu importe que celle-ci s'écoule par une échelle ou par les joints des ouvrages mobiles. Cette eau, à deux exceptions près, ne fait pas mouvoir d'usine. Il semble donc que la dépense d'échelles puisse, en fait, être maintenue dans des limites assez restreintes pour ne pas apparaître *a priori* hors de proportion avec le résultat à attendre.

Quel peut être ce résultat? Est-il permis d'espérer que les Saumons remonteront la Seine et l'Yonne si des échelles sont aménagées aux barrages mobiles de navigation ? Telles sont les questions que nous nous proposons de traiter dans la présente note.

Migrations anciennes. — Rappelons tout d'abord que les poissons voyageurs, notamment les Saumons, remontaient tous les ans le cours de la Seine, de l'Yonne et de plusieurs affluents avant l'établissement des barrages. Ce fait est constaté dans de nombreux ouvrages, parmi lesquels nous citerons le rapport sur les mœurs du Saumon rédigé en 1888 par M. Berthoule au nom du Comité consultatif des pêches maritimes. Il nous a été affirmé, il y a plus de trente ans, par de vieux pêcheurs de l'Yonne qui ont vu les Saumons disparaître quand on a canalisé la Seine et l'Yonne. Il est attesté encore aujourd'hui par certaines dénominations de parties profondes qui restent comme un souvenir des pêches d'autrefois : Telle est, par exemple, sur l'Yonne, en amont d'Auxerre, près d'Augy, la fosse que l'on désigne sous le nom de « *Coup du Saumon* », par ce que c'était là où, dans des profondeurs atteignant 7^{m}, les Saumons s'arrêtaient avant de franchir l'ancien pertuis de Vaux. Ce pertuis, dans son état primitif, tel qu'il avait été construit en 1827, comportait des lâchures fréquentes sous une charge d'eau très faible, et là où les bateaux passaient remontaient les Saumons.

Mais le témoignage le plus direct que nous puissions fournir de la remonte des Saumons quand il n'y avait pas de barrages est une observation faite à Auxerre aux mois d'avril et de mai 1871. Pendant l'hiver 1870-1871, les nécessités de la guerre avaient obligé d'abattre tous les barrages, en sorte que, dès le mois d'octobre la Seine et l'Yonne étaient redevenues libres sur tout leur parcours. Or les Saumons ont profité de la route ainsi ouverte pour s'y engager en très grandes quantités. Un industriel d'Auxerre, M. Parquin, au souvenir de qui nous faisions appel avant de rédiger notre note, nous confirmait les faits dont nous avions gardé nous-même la mémoire : amodiataire de la pêche sur l'Yonne à cette époque, il a capturé une première fois 8 Saumons pesant ensemble 98 kilos, soit 12 kilos en moyenne chacun ; puis, ayant cerné le « *Coup du Saumon* » avec une senne de 100^{m} de longueur, il a pris d'un coup 29 Saumons, dont 3 ont troué le filet : les 26 restants pesaient ensemble exactement 260 kilogrammes, soit 10 kilos en moyenne par Saumon. Bien d'autres pêcheurs, entre autres un maître de marine très connu, M. Jossier, ont fait des pêches extrêmement fructueuses, et cela jusqu'aux chaleurs de la fin de mai et du commencement de juin, où un certain nombre de Saumons non capturés sont venus flotter et mourir à la surface de l'eau. La quantité de Saumons pêchés ou recueillis morts sur l'Yonne aux abords d'Auxerre en 1871 est évaluée à 400 par ceux qui ont participé aux pêches de cette année-là.

Il n'y a pas d'ailleurs qu'à Auxerre qu'on ait pris des Saumons en 1871. L'enquête ouverte en 1888 et 1889 par l'Administration des Travaux Publics sur les migrations des poissons en France a établi que, au mois de janvier de l'année de la guerre, il a été pêché dans la basse Seine environ 50 Saumons d'un poids variant de 4 à 10 kilogrammes et un Saumon femelle de 14 kilos contenant encore 3 k. 500 d'œufs ; que des Saumons n'ayant pas encore frayé ont été pris à l'aval du barrage de Suresnes, près de Paris, d'autres un peu partout.

Migrations actuelles. — Ce serait du reste une erreur de croire que la remonte des Saumons dans le bassin de la Seine présentât un caractère exceptionnel, même aujourd'hui. La migration subsiste ; et, bien qu'elle soit très atténuée, il n'est pas sans intérêt d'en suivre les phases. Mais, pour bien se rendre compte des migrations actuelles, il paraît indispensable de connaître au préalable, ne fût-ce que d'une façon sommaire, les dispositions suivant lesquelles la Seine est canalisée dans la partie inférieure de son cours.

Le premier barrage que l'on rencontre en remontant de la mer est le barrage de Martot, à 3 kilomètres environ au-dessus d'Elbeuf. Ce barrage a une chute variable, par ce que le niveau de l'eau à l'aval est influencé par la marée. La chute la plus forte a lieu par les basses mers de morte-eau, où elle atteint 3^m au maximum. La chute la plus faible se produit par les hautes mers de vive-eau, où elle se réduit à $0^m,25$ ou $0^m,30$. Parfois même, le flot poussé par le vent monte aussi haut et même plus haut que le niveau du fleuve à l'amont du barrage : la chute est alors annulée, ou même renversée.

A 15 kilomètres en amont de Martot, on trouve le barrage de Poses. Celui-là n'est plus influencé par les marées ; c'est le barrage qui a la plus forte chute de tous les barrages de la Seine et de l'Yonne : cette chute dépasse 4^m.

A partir de Poses commence la série des barrages qui transforment la rivière en une succession de biefs où l'on maintient des niveaux artificiels tant que la hauteur naturelle des eaux n'assure pas dans le chenal la profondeur nécessaire au passage des bateaux. Les premiers barrages en remontant la Seine après Poses sont ceux de Port-Mort, puis de Port-Villez, dont il sera question dans la suite.

Cette rapide description montre que, au point de vue de la migration des Saumons et autres Poissons voyageurs, la Seine peut être divisée en 3 sections :

La section maritime, depuis la mer jusqu'au barrage de Martot, laquelle ne renferme aucun obstacle à la libre circulation des Poissons ;

La section intermédiaire, depuis Martot jusqu'à Poses, qui est accessible aux Poissons, non plus d'une façon continue, mais à certaines époques périodiques, quand la chute du barrage de Martot se réduit ou s'annule ;

Enfin la section canalisée, en amont de Poses, où les barrages apportent des obstacles permanents à la remonte des Poissons migrateurs, et où ces obstacles ne s'effacent en totalité ou en partie que temporairement, par les hautes eaux.

La section maritime est toujours fréquentée par les Saumons ; et, pour ne citer que les faits constatés administrativement en 1901, nous indiquerons dans le tableau d'autre part les dates de pêche, les dimensions, les prix de vente des 6 Saumons dont les agents de la navigation ont pu connaître la capture.

Trois de ces Saumons étaient malades ou blessés. Les autres se sont vendus à des prix très rémunérateurs, de 5 fr. 60 à 7 fr. 50 le kilo. Ajoutons que, dans la nuit du 29 au 30 avril 1902, à une date où nous faisions des expériences sur des types d'échelles à Poissons au barrage de Martot, on a capturé tout près du barrage un Saumon de 0 m. 88 de longueur, pesant 9 kilos, ayant

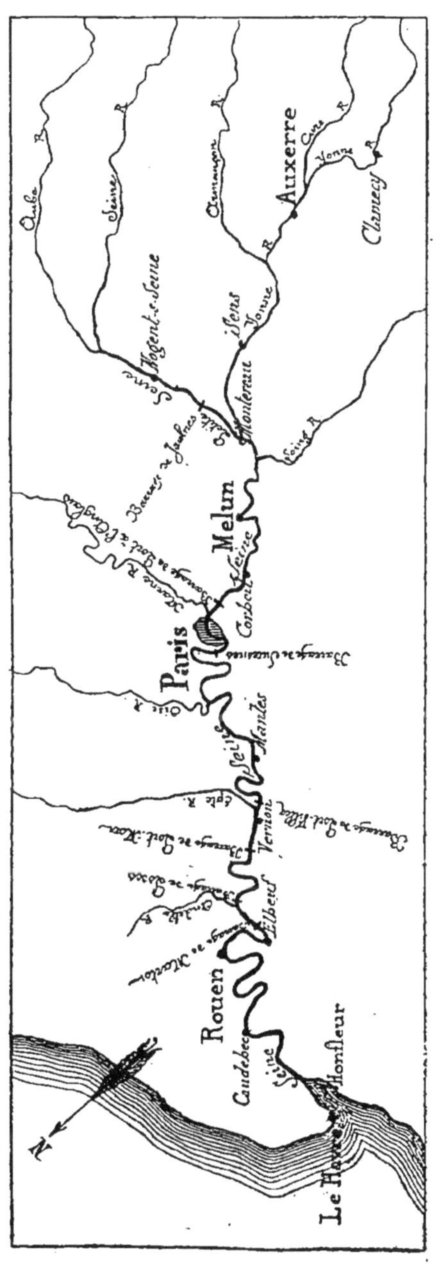

CARTE DU COURS DE LA SEINE

0 m. 53 de circonférence au milieu du corps, et vendu 78 fr. au marché de Rouen, soit à raison de 8 fr. 66 le kilogramme.

Date de la capture.	Longueur, de l'œil à la naissance de la queue.	Circonférence vers le milieu du corps.	Poids.	PRIX DE VENTE total.	PRIX DE VENTE par kil.	OBSERVATIONS
1er mars 1901	0m,87	0m,37	7 kil.	4 f. 75	0 f. 65	Poisson capturé à Criquebœuf : malade et vendu dans de mauv. conditions de conserv.
6 mars 1901	0m,57	0m,31	3k.500	14 f. 00	4 f.	Poisson malade, capturé près d'Elbeuf.
16 mai 1901.	0m,75	0m,41	6 kil.	45 f. 00	7 f. 50	Capturé à Saint-Aubin, près d'Elbeuf.
4 juin 1901.	0m,86	0m,47	8 kil.	45 f. 00	5 f. 60	Pêché à Caudebec.
10 juin 1901.	1m,10	0m,75	17 kil.	104 f. 00	6 f. 10	Pêché à Cléon, près d'Elbeuf.
14 juin 1901.	0m,70	0m,41	6 kil.	25 f. 00	4 f.	Poisson blessé, capturé à Caudebec.

Dans la section intermédiaire, entre les barrages de Martot et de Poses, les Saumons de toutes tailles se montrent aussi fréquemment qu'en aval de Martot ; ils y apparaissent même plus nombreux que dans la section maritime quand le barrage de Martot a pu être franchi. Ce n'est pas un spectacle rare que de voir des Saumons faisant des efforts pour surmonter l'obstacle du barrage de Poses, et il y a là une observation particulièrement intéressante à retenir. Le barrage de Poses est fermé au moyen de rideaux articulés qui s'enroulent de bas en haut, comme des stores de fenêtres à lamelles de bois, en sorte que, si l'on veut augmenter ou diminuer la section de l'écoulement, on n'a qu'à enrouler ou à dérouler un certain nombre de rideaux. Chaque rideau partiellement enroulé laisse au-dessus du radier une ouverture par laquelle l'eau se précipite avec la vitesse due à la chute, et celle-ci étant de 4 m. à 4 m. 20, la vitesse atteint 9 mètres par seconde en moyenne. Immédiatement après l'ouverture, la vitesse s'amortit le long du radier noyé qui prolonge le barrage, et elle s'y réduit à 3 mètres environ, en moyenne. Or M. Jacob, conducteur des Ponts et Chaussées, chargé du barrage, a observé souvent des Saumons qui, après avoir remonté le courant de 3 m. s'arrêtaient devant l'ouverture des rideaux, sans parvenir à traverser la lame d'eau animée d'une vitesse de 9 m. : il y a même lieu de remarquer que les Saumons semblaient lutter contre le courant de 3 m. à la limite de leurs forces, quand ils n'étaient pas de très grande taille. Notons enfin que M. Jacob, ayant eu l'occasion d'installer au mois de mai 1902 une échelle d'expérimentation au barrage de Poses, n'avait pas plus tôt établi un filet d'eau dans cette échelle qu'un petit Saumon s'y engageait.

Au-dessus de Poses, dans la section canalisée de la Seine, les Saumons ne se montrent naturellement qu'à des intervalles relativement éloignés, et seulement après une succession de crues ayant entraîné l'ouverture des barrages. Ce sont les hautes eaux qui ont conduit en 1896 jusqu'au-dessus du confluent de l'Yonne un Saumon, de taille moyenne, observé par nous lorsqu'il cherchait à franchir le barrage de Jaulnes sur la petite Seine, à 30 kilomètres en amont de Montereau. Ce sont les mêmes hautes eaux qui expliquent les quelques captures opérées en ces dernières années à Mantes : en 1899, un Saumon de 9 kilos ; en 1901, deux petits Saumons de 1 k. 500 chacun.

Mais le fait le plus saillant qu'il y ait lieu, suivant nous, de mettre en évidence dans les deux sections, intermédiaire et canalisée, de la Seine, c'est la tendance marquée que les Saumons ont à revenir à l'embouchure de l'Andelle, entre les barrages de Martot et de Poses, et à l'embouchure de l'Epte, entre les barrages de Port-Mort et de Port-Villez. Là, chaque année, le service de la navigation de la Seine lâche des alevins de Saumons qu'il a élevés jusqu'à 9 ou 10 mois dans des établissements de pisciculture aménagés aux barrages de Poses et de Port-Villez (1); et ces alevins, devenus Saumons, reviennent à leurs points d'origine, apportant ainsi sur la Seine une nouvelle preuve de ce retour aux lieux d'éclosion qui a été reconnu en France, en Amérique, partout où existent des rivières à Saumons. Nous citerons, à l'appui de cette assertion :

1° Les captures de Saumons qui ont lieu d'une manière à peu près continue dans la Seine aux abords du confluent de l'Andelle, et dans l'Andelle même, sur 2 kilomètres environ jusqu'au premier barrage d'usine ;

2° Les faits suivants qui se rapportent à une période de trois années et se sont produits aux abords du confluent de l'Epte : en 1899, au mois d'avril, quelques Saumons, d'environ 3 kilogrammes, apparaissent entre l'embouchure de l'Epte et le barrage de

(1) L'embouchure de l'Andelle est située immédiatement en aval du barrage de Poses et l'embouchure de l'Epte, en aval du barrage de Port-Villez.

Port-Villez ; en août 1899, un Saumon de 2 k. 500 est pris au même endroit ; en 1900,les barragistes de Port-Villez voient pendant plusieurs jours un Saumon qui s'efforce inutilement de franchir la chute de 2 m. 50 ; en 1902, un Saumon de 2 kilogrammes, s'étant engagé dans un bassin de pisciculture au même barrage,est retiré par une Loutre.

A quelles époques la remonte a-t-elle lieu ?

M. Philippe, directeur de l'hydraulique agricole au Ministère de l'agriculture, dans son rapport sur les échelles à Poissons, présenté en 1897 à la Commission des améliorations agricoles et forestières, dit : « D'après les renseignements qui nous ont été « fournis par M. Berthoule, il y aurait quatre montées princi- « pales de Saumons dans la Seine : la première, en décembre ; « la deuxième, fin février à mi-mars ; la troisième, mi-avril ; la « quatrième, en juin.Les montées de mars et d'avril sont les plus « abondantes ». Les observations rappelées ci-dessus semblent confirmer ces indications ; au surplus, les renseignements donnés à M. Philippe émanent-ils d'un savant pisciculteur à la compétence duquel nous rendons tous un hommage mérité.

Quant à la descente, elle n'a été étudiée que dans des limites assez restreintes, et nous ne connaissons à cet égard que des observations faites en 1899 par M. Caméré et résumées dans le tableau suivant :

Dates	Localités	DIMENSIONS			OBSERVATIONS
		Long.	Circonf.	Poids.	
26 janv. 1889	Amont du barrage de Martot.	»	»	»	Saumons cherchant à franchir le barrage de Martot à la descente.
3 février —	id.	»	»	»	
7 février —	Les Moulineaux, aval de Rouen.	1m	0m,45	7 kil.	Bécard mâle, ayant fini de frayer et pouvant peser de 13 à 14 kil. avec le frai.
9 février —	Amont du barrage de Martot.	1m,35	0m,49	12500	Bécard de sexe non constaté ayant frayé et cherchant à franchir le barrage à la descente. Pouvait peser de 20 kil. avant le frai.

D'après les pêcheurs de la Seine-Inférieure, il y aurait, en outre de la descente ainsi accusée, une autre descente qui s'opérerait en septembre.

Aussi bien, les Saumons ne sont pas les seuls Poissons qui remontent en Seine. Il y a aussi les Aloses qui, au mois de mai de chaque année, franchissent le barrage de Martot et viennent s'arrêter en bandes plus ou moins nombreuses à l'aval du barrage de Poses : en 1901, particulièrement, les Aloses s'y rassemblaient en bancs pressés. Ces Aloses remontaient-elles dans la partie supérieure des bassins avant la création des barrages ? Les auteurs l'affirment, et on lit dans le rapport précité de M. Philippe que les migrations d'Aloses s'étendaient, non seulement à la Seine, mais encore à l'Oise et à l'Yonne. En tous cas, les agents de la navigation, anciens dans le service, se souviennent que, antérieurement à l'époque où les barrages à fortes chutes ont été établis en aval de Mantes pour porter le mouillage de 2 m. 20 à 3 m. 20, on prenait fréquemment des Aloses, comme aussi des Saumons, dans les environs de cette ville.

Il y a également les Anguilles qui remontent la Seine, et l'on peut voir au barrage de Poses, dans le bras des écluses, une échelle rudimentaire qui, avec un simple filet d'eau, assure le passage des Anguilles par quantités considérables.

Objections contre l'établissement d'échelles aux barrages. — Ainsi donc, il paraît prouvé que, avant la construction des barrages de navigation, la Seine a été soumise aux migrations des Poissons voyageurs ; qu'elle y reste soumise dans les limites assez restreintes que les barrages leur assignent ; qu'elle le serait encore dans des conditions normales, si les obstacles formés par les barrages pouvaient être franchis.

Il semble, d'autre part, d'après les essais réalisés au barrage de Martot par M. Caméré, alors ingénieur en chef de la navigation de la Seine, que le libre passage des poissons voyageurs peut être obtenu sans grande difficulté par l'installation d'échelles convenablement disposées. Et cependant certaines personnes seraient tentées d'émettre des doutes sur la question de savoir si, même avec des échelles placées à tous les barrages, les courants de migration seraient rétablis en fait, si les Saumons remonteraient comme jadis jusqu'à la haute Yonne, si dès lors l'aménagement des échelles serait véritablement une œuvre efficace, utile à l'intérêt public. Les objections sont connues, et il paraît nécessaire de les discuter.

Comment se fait-il, tout d'abord, que les Saumons ne remontent pas le fleuve au cours des hivers pluvieux où les barrages demeurent abattus durant plusieurs mois ? Les rares sujets que l'on capture, ces années-là, n'attestent-ils pas à la fois que les migrations sont possibles, même maintenant, et que, si elles ne s'effectuent pas aujourd'hui quand la route est libre, c'est qu'il y a d'autres causes que les barrages qui arrêtent les migrations ? Qu'on se reporte aux indications de M. Berthoule sur les périodes de remonte : il y en a en décembre, en février et en mars. Or, les barrages sont souvent abattus ces mois-là ; néanmoins les Saumons ne remontent plus qu'en quantités insignifiantes. N'y a-t-il pas à craindre que, si des échelles sont aménagées à tous les barrages, les poissons ne remontent pas davantage ?

A notre avis, le courant de circulation ne pourrait être rétabli qu'à la double condition d'installer des échelles et de jeter des alevins dans la partie supérieure du bassin. On n'ignore pas en effet que le Saumon ne se développe qu'en eau salée et ne se reproduit qu'en eau douce ; qu'aussitôt après avoir atteint une longueur d'une vingtaine de centimètres, soit au bout d'un ou deux ans, parfois même de trois ans, revêtu alors d'une livrée spéciale et connu sous le nom de « *tacon* », il descend à la mer ; que, après un séjour plus ou moins prolongé en mer, il revient une première fois en eau douce à l'état de « *madeleineau* », ayant une quarantaine de centimètres de longueur et pesant de 2 à 3 kilos ; puis, que, après avoir frayé, il redescend en eau salée pour remonter encore, cette fois-ci à l'état de Saumon parfait. Or on rappellera utilement ici que, d'après les expériences poursuivies en ce moment un peu partout, en France sur la Loire, en Amérique sur l'Orégon.. etc., les Saumons reviennent dans les rivières où ils sont nés ; et nous avons vu plus haut une confirmation de ce fait dans la présence des Saumons aux embouchures de l'Andelle et de l'Epte où, chaque année, on immerge des alevins. Quoi qu'il en soit, s'il est vrai que les Saumons retournent à leur lieu de naissance, il ne suffit pas de leur ouvrir une route, il faut aussi la leur montrer en les faisant naître dans le cours supérieur des rivières où l'on veut provoquer la remonte. En d'autres termes, il est nécessaire, non pas seulement de livrer à nouveau un chemin aux Saumons sur la Seine, mais d'immerger dans la petite Seine, dans l'Yonne et dans quelques affluents des alevins de Saumons, éclos et élevés dans des établissements de pisciculture jusqu'à ce qu'ils aient acquis la taille voulue pour pouvoir se défendre. Il n'y a pas là d'ailleurs de difficulté à prévoir tant au point de vue technique qu'au point de vue de la dépense, un établissement de cette nature pouvant être créé pour une somme de 4 à

5000 fr. et les œufs embryonnés de Saumons ne coûtant pas plus de 6 francs le mille.

Par conséquent, sous réserve de l'observation qui précède sur l'utilité de joindre à l'installation d'échelles une installation piscicole, nous estimons que la première des objections discutées est sans fondement.

Une autre objection réside dans la possibilité, que l'on entrevoit, d'assurer le passage des Saumons dans les barrages sans établir d'échelles. On fait remarquer, dans cet ordre d'idées, que le débit de la Seine, sauf dans des cas de très grande sécheresse, est assez grand pour qu'on puisse laisser une travée de barrage totalement ou partiellement ouverte et, par suite, assurer la montée à l'aide de simples manœuvres. N'arrive-t-on pas à écluser les bancs d'aloses au barrage de Poses, en ménageant dans le sas des écluses un petit courant qui attire les Poissons, et en les faisant remonter ensuite dans le bief d'amont comme s'il s'agissait d'une marchandise quelconque transportée par bateau ?

L'objection porterait à coup sûr, si les Saumons se prêtaient comme les Aloses à une opération artificielle de remonte qui d'ailleurs ne se présente pas sous un aspect de continuité très pratique. Mais les Saumons sont rebelles aux élévations par éclusées : du moins, nous n'avons entendu citer qu'un exemple de semblable éclusage, au mois de février 1899, dans une des écluses du barrage de Poses où un Saumon de 0 m. 60 de longueur s'était engagé ; et s'il est vrai que les poissons franchissent parfois une travée ouverte dans un barrage, il est non moins certain que, avec une forte chute, le saut n'est possible que pour les Saumons de grande taille. Quant aux sujets de taille ordinaire, aux Madelcineaux, ils sont incapables de surmonter un courant où la vitesse de l'eau dépasse une limite déterminée. Le Saumon que nous avons observé au barrage de Jaulnes et qui semblait peser 5 ou 6 kilogrammes ne parvenait pas à passer à travers une lame d'eau où la vitesse était de 4 m. 50 par seconde ; et il semble qu'une vitesse moyenne de 3 mètres soit un maximum (cette vitesse moyenne correspond à une vitesse superficielle de 3 m. 75 ; car la vitesse moyenne dans une section d'un courant est à peu près les 4/5 de la vitesse superficielle ; c'est la vitesse du courant que les Saumons remontent au barrage de Poses à la limite de leurs forces). Or une vitesse de 3 m. 75 ne représente qu'une chute de 0 m. 72, inférieure aux chutes des barrages mobiles de la Seine ; d'où cette conséquence que le seul moyen efficace de livrer le passage, c'est d'établir des échelles où la vitesse soit ralentie à 3 m. 75 par seconde à la surface, ou à 3 mètres en moyenne dans une section quelconque du courant de l'échelle.

Nous reproduisons d'ailleurs ci-dessous le tableau des vitesses correspondant à des chutes déterminées, et ce tableau donne une idée des efforts qu'un Saumon doit s'imposer pour vaincre le courant des veines liquides qui s'échappent d'un vannage ouvert ou des lames déversantes qui passent au-dessus d'un seuil.

Chutes	0m05	0m10	0m15	0m20	0m30	0m40	0m50	0m75	1m00	1m50	2m00	3m00	4m00	5m00
Vitesses par seconde	0m99	1m40	1m71	1m98	2m43	2m80	3m13	3m84	4m43	5m42	6m26	7m67	8m86	9m90

On a aussi objecté que l'infection des eaux en aval de Paris est de nature à arrêter toute migration. Là encore nous ne croyons pas que le doute soit bien justifié, si tant est qu'aucune amélioration n'ait été réalisée après les dépenses considérables que la Ville de Paris s'impose pour atténuer cette infection (1). En admettant même, contre toute hypothèse plausible, que la Seine reste ce qu'elle était il y a quelques années, la situation apparaîtrait-elle beaucoup plus mauvaise qu'elle se montre dans la Seine maritime où le flot met en suspension tant de vases sans que les Saumons et les Aloses hésitent à s'y engager ? L'infection n'est-elle pas, à coup sûr, moindre que dans la partie inférieure de la Tamise où les journaux anglais rapportent qu'on a vu en 1901 « un bras entièrement peuplé de Saumons » ? En fait, les Saumons, même de petite taille, semblent pouvoir parcourir de 40 à 60 kilomètres en une journée, d'après des expériences récentes sur la Loire, et sont dès lors capables de se dégager rapidement d'un mauvais passage.

La troisième objection ne nous semble donc pas porter davantage que l'une ou l'autre des deux premières ; et la constatation des vitesses considérables atteintes par les Saumons dans

(1) Les agents de la navigation reconnaissent qu'une réelle amélioration s'est manifestée depuis deux ans dans l'état des eaux en aval de Mantes. C'est ainsi qu'autrefois il n'était pas possible de voir, même en été, les ouvrages placés au-dessous de l'eau, tandis que maintenant on distingue en belle saison les engins du barrage de Poses sous une profondeur de plusieurs mètres. L'eau paraît donc devenir incontestablement plus claire qu'avant l'épuration des des eaux d'égout.

leurs migrations répond enfin à une dernière critique, celle-là peut être plus sérieuse que les précédentes. On a fait remarquer, non sans raison plausible, que la circulation des remorqueurs, et surtout le bruit occasionné dans le fond de l'eau par la chaîne du touage, effrayent les poissons voyageurs et les retiennent dans la partie basse du fleuve, là où le lit est plus large, où les retraites sont plus sûres, les hélices et la chaîne moins dangereuses. Cependant, il ne faut pas perdre de vue que la navigation n'est réellement active sur la Seine que lorsqu'il fait jour : tout le monde a pu constater à Paris, où la fréquence des bateaux en circulation est plus grande que partout ailleurs, qu'un grand calme succède pendant la nuit à l'agitation des eaux pendant la journée. Le phénomène est général sur tout le cours de la Seine, et les poissons trouvent, quand il fait nuit, une route exempte de dangers. Aussi bien, la partie où la circulation des bateaux est intensive ne s'étend-elle que depuis l'embouchure de l'Oise jusqu'à Corbeil, soit sur une longueur de 100 kilomètres ; et sur tout ce parcours, il y a des refuges naturels dans des bras non navigables ainsi que dans des parties profondes situées en dehors du chenal proprement dit. C'est, à n'en pas douter, une section de route moins facile qu'une autre ; mais les Saumons peuvent la traverser en deux jours, tout en trouvant sur le chemin des retraites assurées, et les sujétions, si elles existent, ne constituent pas, ce semble, des obstacles insurmontables. D'ailleurs, les Saumons de 1871 n'ont-ils pas traversé Paris malgré l'ébranlement et le bruit causés par le canon des forts et des batteries longeant la Seine ?

Conclusion. — Le moyen efficace de rétablir les migrations de Saumons sur la Seine, sur l'Yonne, sur leurs affluents, consiste donc dans l'installation d'échelles convenablement disposées à tous les barrages de navigation et dans l'immersion d'alevins à la partie supérieure du bassin. Sans doute, la dépense sera importante : elle paraît devoir s'élever à 200.000 ou 250.000 fr. Mais un sacrifice d'argent, dans ces limites, ne saurait être considéré comme hors de proportion avec l'utilité de l'œuvre, et nous nous demandons même si l'Etat ne récupérerait pas une fraction notable de ses avances par l'augmentation des fermages sur un parcours total de 412 kilomètres, aujourd'hui privé des avantages matériels que les poissons migrateurs procurent au commerce et à l'alimentation.

N'a-t-on pas lu dans le journal *Le Pêcheur* (numéro du 15 mai

1902) la traduction d'une lettre écrite à Lord Grey par le délégué général de l'*United States Commission of fish and fisheries?*. Ce délégué, l'honorable H.-M. Smith, assure « que 5.000 alevins de « Saumons, de la longueur d'un doigt, tout marqués et déversés « au coût de 1 dollar par mille, ont, dans l'espace de deux à quatre ans, produit 10.000 livres de Saumons adultes, nourris sur « les libres pâturages de l'Océan ». Il fait remarquer que « si le « rendement moyen des autres alevins non marqués est seulement égal au dixième de ces chiffres, l'ensemble des opérations « de la commission donne un bénéfice de 1000 pour 100, la livre de « saumon estimée seulement pour la vente au prix de 5 cent. « (0,25 environ) ». Et Lord Grey ajoute : « quels seraient donc les « résultats si de semblables expériences pouvaient être faites dans « nos eaux anglaises, où ..... le prix du saumon indigène varie « de 9 à 10 pence (1 fr. 10 à 1 fr. 25) à 4 et même cinq shellings « (5 fr. à 5 fr. 25) par livre, au commencement de la saison. »

Ces chiffres sont appuyés par les détails les plus précis sur les opérations entreprises en Amérique pour l'acclimatation et la reproduction artificielle des Saumons et des Aloses : la capture des Saumons en Californie, dans l'Orégon et le Washington a porté en 1899 sur 58.962.913 kilogrammes, d'une valeur effective de 18.399.168 fr. ; et pour réparer les pertes produites par ces pêches, la *Commission of fish and fisheries* a créé 7 établissements ou sous-établissements de pisciculture qui, à l'automne de 1901, avaient recuilli et fécondé 61.000.000 d'œufs de saumons!

Là où les Américains ont réussi, pourquoi ne réussirions-nous pas nous-mêmes ?

Le programme est tout tracé, et le seul problème qui reste à résoudre sur la Seine et sur l'Yonne est le choix du meilleur type à adopter pour les échelles. C'est là une question d'ordre essentiellement technique qui fait en ce moment l'objet d'expériences entreprises sur des barrages de chutes variables. Nous espérons, quand ces essais seront terminés, en faire connaître les résultats pratiques dans le *Bulletin de la Société centrale d'Aquiculture et de pêche.*

Clermont (Oise). — Imprimerie Daix frères.

www.ingramcontent.com/pod-product-compliance
Ingram Content Group UK Ltd.
Pitfield, Milton Keynes, MK11 3LW, UK
UKHW021020220726
13924UKWH00001B/84

9 782019 932893